PROTECTION INSTANTANÉE

ISBN 978-2-84988-052-4

Roger Gascon

PROTECTION INSTANTANÉE

ÉDITIONS ALAIN LABUSSIÈRE

B.P. 85 – F-71700 Tournus

www.editionslabussiere.com

MÉTHODE DE PROTECTION INSTANTANÉE

Tout d'abord, s'il est un sujet épineux actuellement, c'est bien l'envoûtement qui semble se développer de manière inquiétante, surtout pour ceux et celles qui sont désarmés devant un tel adversaire. C'est une des raisons pour lesquelles je dévoile aujourd'hui cette merveilleuse technique à toute personne qui est consciente que ces duels d'un autre âge ne sont ni un mythe ni une affabulation d'esprits dérangés.

L'envoûtement existe, ou plus précisément les envoûtements, car il y a environ près de deux cent formes plus ou moins ritualisées, plus ou moins efficaces et plus ou moins sophistiquées, et l'on peut estimer qu'environ une personne sur quinze est victime d'une action occulte. Ce qui est considérable. L'ennui, c'est que de plus en plus de gens veulent « toucher » à la magie, certains s'installent même comme consultants et s'affublent pompeusement de titres plus ou moins baroques « Grand Initié de...» ou « Grand Initié à ...», etc. S'ils savaient seulement (dans leur petite tête) que le terme de Grand Initié équivaut dans la réalité à Grand Débutant, ils feraient moins de zèle. (En effet Initié vient du Latin «*initiare*» qui veut dire débuter, «*initium*» qui veut dire commencement). Imaginez une publicité disant ceci : « Grand Initié propose tous travaux d'envoûtements », à la lumière de ce que vous savez, vous traduirez par « Grand Débutant propose tous travaux d'envoûtements », donc pas grand-chose à craindre de ce côté-là, ne pensez-vous pas ?

La magie est un sujet sérieux à ne pas prendre à la légère et un opérateur mal protégé est un opérateur condamné. Fort heureusement nous vivons les derniers soubresauts de certaines pratiques plus ou moins douteuses, et nous assistons à un renouveau « dépoussiéré » de l'ésotérisme opératif. J'ai personnellement assisté à beaucoup de choses étranges dans des contrées mystérieuses. J'ai vécu ces phénomènes aussi bien en France qu'au cours de mes voyages et j'en ai retiré une certaine vision qui ne se voile pas des réalités invisibles.

Je vais vous donner ici un moyen d'action dont l'efficacité n'est plus à prouver, et qui a sorti bien des gens des griffes des forces de l'ombre. Si vous avez vraiment besoin d'une bonne protection, si le test s'avère positif, **vous disposez alors de tout ce qu'il faut pour combattre et vaincre**. Si le test s'avère négatif, tant mieux, mais n'hésitez pas à mettre en oeuvre cette méthode pour vivre tranquillement et évoluer dans la plus grande harmonie.

Trop de rituels, pour la plupart incomplets, faussés, déformés circulent actuellement entre les mains de beaucoup d'amateurs de l'ésotérisme pratique.

Dans le meilleur des cas, le premier venu qui, en toute bonne foi, veut les mettre en oeuvre, risque (selon la pratique en question) de ne pas aboutir aux résultats escomptés.

Dans un cas « moyen », il va se déséquilibrer au niveau de ses énergies propres et par la suite, « contaminer » ses proches, ce qui est plus grave.

Dans le pire des cas, la folie, la faillite, des séries de malchance seront son lot de malheur.

Certains rituels peuvent très mal tourner et tout ce qui était une lueur d'espoir peut se transformer en cauchemar. La mort (pour certaines pratiques bien particulières) survient, en général, très vite après d'horribles épreuves dans la vie. Elle n'en sera que plus redoutable car les entités qui ont été contactées pour accomplir le travail vont exiger d'être « payées » en retour.

Certains rituels ont été élaborés par des adeptes de haut niveau (mais oeuvrant au service des forces de l'ombre) pour puiser un peu plus de puissance et d'énergie au détriment de ceux qui les mettent en pratique (même s'ils en tirent un petit avantage… ce qui n'est rien comparé à l'énergie ainsi absorbée).

La méthode qui va suivre vous permettra d'être à l'abri et si un envoûte-

ment (appelons un chat un chat) vous « colle » à la peau, mettez celle-ci en application et vous m'en direz des nouvelles !

J'ai élaboré un questionnaire, assez long il est vrai, mais très complet sur les diverses manifestations de l'envoûtement. Répondez à ce test, faites-le consciencieusement, en toute vérité, de manière à ne pas fausser le résultat. **Vous saurez alors en connaissance de cause s'il y a ou pas d'action contre vous.**

Puis, vous utiliserez le procédé qui suit, il est très court, il est très simple, mais aussi **efficace à 100 % et fonctionne immédiatement**. Il consiste en un apport de Lumière Spirituelle, car sachez qu'aucune Force de l'Ombre ne peut supporter une élévation vibratoire, un apport de Lumière Spirituelle. Il renforce ainsi les défenses naturelles par l'équilibre des Eléments constitutifs qui composent notre nature humaine. **A cela s'ajoute un rejet, ce qui provoque une réaction immédiate sur la personne qui vous attaque de façon si lâche.**

Le choc en retour est parfaitement visible, si vous connaissez la personne qui vous en veut, car vous pourrez la rencontrer, soit avec de l'urticaire, soit griffée, soit malade, etc. Cela sera selon ce que vous aurez placé sur le système de protection. Il faut être bon mais pas trop et une bonne leçon vaut toutes les « morales » du monde. Après plusieurs essais infructueux, votre agresseur va se poser des questions, de même que le « mercenaire » qui est à sa solde (s'il y en a un). Connaîtriez-vous certaines choses de l'occulte qui leur échappent ? Preuve en est des résultats, tout se retourne contre le demandeur (parce qu'en général, il n'est pas protégé par le sorcier). Si ce dernier n'est pas, ou mal protégé, il ne va pas tarder à « battre en retraite », **il a trouvé plus fort que lui**!

Je ne vous conseille surtout pas de punir de mort votre agresseur en plaçant du poison sur les clous (bien que je comprenne ce sentiment, mais le laisser vivre sera pire). A cet effet, une « clé » a été placée et je suis seul à la connaître. Cette précaution a été prise pour deux raisons :

– La première : pour vous éviter d'avoir vous-même un retour important, pouvant entraîner sur vous ou un proche (plus faible psychiquement) des méfaits ou pire encore !

– La seconde : pour éviter que des « petits malins » détournent le système de son but initial et s'en servent comme moyen d'attaque.

A ces deux précautions peut venir s'ajouter une troisième (qui est plutôt un conseil amical) qui consiste à « ne pas vous salir les mains ».

Vous voilà donc prévenu(e). Vous n'obtiendriez aucun résultat en ce sens, cette pratique n'est pas faite pour cela.

DESCRIPTIF DE L'ENVOUTEMENT

L'envoûtement est une technique vieille comme le monde et il n'est pas de mon propos ici d'en faire un historique. Cependant, nous allons voir **les principales et les différentes formes d'envoûtements**.

Paracelse a dit à ce sujet :

"Vous savez que, selon la volonté d'un esprit en lutte avec un autre esprit, si l'on couvre de

pierre et de terre une image de cire, l'homme en vue duquel cette image a été faite est inquiet et tourmenté dans le lieu où les pierres ont été amoncelées et n'est soulagé que lorsque l'image a été remise au jour, alors il est libéré de ses anxiétés. Notez encore que, si l'on brise une jambe à cette image, l'homme ressent immédiatement cette fracture et ne peut marcher. Il en est de même des piqûres et des blessures semblables, faites à l'image."

Et plus loin, il ajoute :

"La malédiction est une cause très puissante de maladie. Il peut arriver qu'après des imprécations contre quelqu'un, ce dernier soit atteint brusquement de fièvre, d'épilepsie ou d'apoplexie, si l'image sur laquelle on l'a proférée a été bien préparée".

Ce qui a été dit par Paracelse a été repris d'une façon un peu plus scientifique par Maxwell qui publia en 1679 à Francfort sa "médecine magnétique". Voici donc ses aphorismes qui sont à rapprocher de très près au problème qui nous occupe ici.

I - L'âme se trouve non seulement dans le corps visible, mais hors du corps, et elle n'est pas circonscrite au corps organique.

II - L'âme opère hors de ce qui est appelé communément le corps.

III - Des rayons corporels émanent de tout le corps, dans lesquels l'âme opère par sa présence. Par eux, l'énergie et la puissance d'opérer est répandue. Ces rayons sont non seulement corporels, mais divers.

IV - Ces rayons qui sont émis par les corps des animaux se complaisent dans l'esprit vital par lequel les opérations de l'âme sont distribuées.

V – Les excreta des corps animés retiennent une portion de l'esprit vital, c'est pourquoi la vie ne doit pas leur être déniée. Et cette vie est propagée avec la vie de l'espèce animale par l'âme elle-même.

VI – Entre le corps et les excreta procédant de ce corps, il subsiste un enchaînement d'esprits ou de rayonnements, bien que ces excreta en soient séparés depuis très longtemps, comme il en est pour le sang ou les parties retranchées des corps (1).

VII – Cette vitalité subsiste aussi longtemps que les excreta ou les parties séparées, ou le sang n'ont pas été commués en corps de nature différente.

VIII – Où l'esprit est le plus à découvert, il se manifeste plus promptement.

IX – Dans les excreta, dans le sang, etc. l'esprit n'est pas immergé aussi profondément que dans le corps. C'est pourquoi il agit plus promptement.

---

(1) *Ceci n'est pas tout à fait exact, les excreta (ou témoins comme l'on dit aujourd'hui) ont une durée de vie limitée dans le temps. Il existe cependant des techniques pour « redonner vie » à des éléments corporels anciens.*

J'ai dit au début de ce texte qu'il existait près de deux cent formes rituelles d'envoûtement, mais celles-ci ne se différencient que par quelques variantes issues des quatre grandes techniques « mères ».

L'auto-envoûtement, l'envoûtement spontané, l'envoûtement par transfert, par médium, les systèmes telluriques, les sceaux d'enfermement, etc. n'entrent pas en ligne de compte ici et surtout les sceaux d'enfermement qui sont un cas particulier qui nécessite d'autres moyens de lutte.

Ces quatre techniques mères sont :

– **L'envoûtement sur statuette** (un grand classique)
– **L'envoûtement par évocation** (idem)

- **L'envoûtement par magie sexuelle** (comme moyen d'action)
- **L'envoûtement par charge** (telluriques, en général)

Elles appartiennent à l'une des classes majeures suivantes (il en existe bien d'autres) et peuvent parfois être combinées pour obtenir une plus grande puissance et plus de précision dans l'action.

Envoûtement direct : Peu utilisé, car très dangereux, il nécessite une excellente maîtrise du dédoublement de la part de l'opérateur. Convient parfaitement pour donner un avertissement, pour causer une frayeur. Pratiqué pendant un temps plus ou moins long, ce type de travail peut provoquer l'amour, la guérison, la nuisance, la mort. Permet de modeler l'esprit d'une personne selon la volonté de l'opérateur. Pour modifier, altérer ou augmenter les énergies d'une personne.

ENVOUTEMENT SUR STATUETTE : Un grand classique en la matière, d'une très grande efficacité permettant un large éventail d'actions. (amour, nuisance, rupture, blocage, folie, mort, maladie, accident, augmentation ou diminution du tonus sexuel, guérison, chance, etc.)

ENVOUTEMENT ALIMENTAIRE : D'une très grande efficacité pour diminuer la volonté de la victime. Surtout utilisé dans les pays arabes, africains, en Amérique du Sud et en Polynésie. Il n'est pas à proprement parler un authentique envoûtement, mais une charge mentale à laquelle s'ajoute des produits végétaux et/ou animaux, plus rarement minéraux soigneusement sélectionnés en fonction du but à atteindre, l'amour en général ou l'altération des facultés de vigilance.

ENVOUTEMENT PAR EVOCATION : Tout est possible, à condition que le praticien ait de solides notions dans les diverses branches de la magie. Des variantes peuvent s'ajouter à cette pratique : sacrifices sanglants, rituels sexualisés, par exemple.

ENVOUTEMENT EN MAGIE SEXUELLE : Toutes les possibilités, le sexe ne désigne pas le but mais le moyen. Envoûtements violents et puissants dans tous les domaines. Possession amoureuse, problèmes affectifs délicats, chance, affaires commerciales et artistiques, provocation d'événements bénéfiques ou maléfiques, modification de la personnalité, etc.

ENVOUTEMENT PAR CHARGE : Efficaces dans de nombreux domaines pour les problèmes courants. Les charges ne sont pas forcément maléfiques, il en existe de très bénéfiques. Touche en général une famille, un troupeau, des cultures.

ENVOUTEMENT PAR TRANSFERT : Peut s'apparenter aux charges et aux « répondants » de la magie égyptienne. S'utilise aux fins de guérison en général, mais aussi pour la nuisance et la mort. Pratique très utilisée au Japon.

ENVOUTEMENT PAR MESSE : Peu utilisé de nos jours. Servait jusqu'au XIV ème siècle contre les adversaires de l'église.

ENVOUTEMENT PAR MESSE MAGIQUE : (A ne pas confondre avec la messe noire). Toutes les possibilités, amour, guérison, buts commerciaux, juridiques, débauche, maladie, mort, chance, etc.). Le rituel peut être sexualisé pour en augmenter le potentiel.

ENVOUTEMENT PAR MESSE NOIRE SATANIQUE : Idem que ci dessus, mais toujours utilisée dans un but de destruction.

ENVOUTEMENT EGREGORIQUE : Demande un temps très long pour l'activer (entre 3, 4 et 5 ans suivant le nombre de participants). Pratique assez rare car nécessite des connaissances très poussées dans tous les arts magiques. Il rappelle un peu l'envoûtement par évocation mais en plus grandiose. S'utilise surtout au niveau politique ou des grandes sociétés financières, commerciales, etc. Tout est possible avec ce genre de travail.

ENVOUTEMENT PAR RADIONIQUE : De très nombreuses possibilités sont offertes par ce canal, en général pour le bien d'un tiers. Guérison, buts commerciaux, affectifs, action sur les cultures etc. Mise en oeuvre simple et résultats encourageants.

ENVOUTEMENT PAR EXCLUSION : L'exclusion d'un groupe (magique en particulier) peut être la cause involontaire d'un envoûtement. Provoque des nuisances parfois catastrophiques.

ENVOUTEMENT PAR IMPREGNATION : N'est pas à proprement parler un envoûtement réel, volontaire. Il s'agit d'une exposition plus ou moins prolongée en un lieu chargé (pas forcément en négatif) mais le trop est comme le pas assez, il est perturbateur.

ENVOUTEMENT PAR INTERDIT : Violer un interdit occulte est grave. Certaines choses doivent rester cachées au profane ou à l'initié qui n'est pas encore prêt. Certains textes et rituels codés sont un exemple de ces interdits, de même qu'en certains lieux existent des gardiens qui ferment l'accès aux curieux. Passer outre l'avertissement équivaut à accepter le combat, dans ce dernier cas, mieux vaut être bien "armé' car la mort guette l'imprudent.

AUTO-ENVOUTEMENT : L'auto envoûtement est une névrose, un dérèglement plus ou moins complet de la personnalité.

Peut devenir à la longue un véritable cas de possession.

ENVOUTEMENT PAR TELEPSYCHIE : Il n'existe que quelques rares rituels de ce type qui soient vraiment efficaces, mais il faut être relié à une chaîne occulte puissante par une transmission des pouvoirs. Dans ce cas, tout est possible en ce qui concerne les modifications de la personnalité humaine, (guérison, amour, maladie, actes réflexes, etc.). Inutile de comparer avec les séances de télépsychie courantes, lesquelles sont très fatigantes et très limitées pour le praticien, sans compter les risques de transfert.

ENVOUTEMENT EN VAUDOU : Plus utilisé qu'on ne le pense, mais les résultats ne sont pas ceux que vantent les diverses publicités. La raison est bien simple, c'est que la plupart des praticiens n'ont pas TOUTES les clés, heureusement ! Le véritable vaudou est parfaitement structuré et d'une réelle efficacité. Il faut néanmoins une mentalité particulière qui rappelle l'état de chamanisme, et frisant le délire. Quelques préparations, relativement simples mais complètes sont très efficaces.

ENVOUTEMENT EN MAGIE ARABE : Qui sont pour la plupart efficaces. C'est une magie forte qui utilise toute sorte d'ingrédients très spécialisés.

ENVOUTEMENT EN MACUMBA : Ceux-ci sont d'une très grande puissance et ressemblent par certains aspects à la sorcellerie d'Europe centrale et à la magie taoïste qui manipulent les énergies du corps.

ENVOUTEMENT EN MAGIE AFRICAINE : Le genre fait, ou du moins a fait "fureur" comme tout ce qui est nouveau. Nous assistons à un véritable "raz de marée" de marabouts en tout genre qui "hantent" les colonnes publicitaires et, comme le disent si bien les "Inconnus" dans un de leurs sketchs : *"Je te ramène ta femme 24 heures chrono, plus vite que la redoute !"*

La réalité est différente. La magie africaine est une magie forte, mais limitée à son continent et à sa mentalité. C'est la raison pour laquelle les praticiens qui sont hors de leur pays n'observent que très peu de résultats, quand il y en a un.

Il existe encore diverses pratiques traditionnelles, telle la magie runique, peu utilisée en France car il n'existe que très peu de praticiens. La magie indienne, encore plus rare. En fait, dans tous les travaux d'envoûtements, nous retrouvons toujours les mêmes paramètres, à savoir :

– Un élément corporel de la victime.
– Une volonté exacerbée de la part de l'opérateur.
– Un rituel adapté.
– Un rythme rituel.

A noter que l'envoûtement sur photo est une chose impossible à réaliser. Celle ci ne peut servir dans ce cas, que de support de visualisation pour l'opérateur. En revanche, il n'en est pas de même en radionique où les photos peuvent être utilisées avec succès.

QUESTIONNAIRE DE DETECTION DE L'ENVOUTEMENT

Cochez la case correspondante

	OUI	NON
1 – Avez-vous des sensations de piqûres ou de brûlures dans la région de la nuque, du coeur, ou au plexus solaire ?	❑	❑

2 - Vous arrive t-il souvent d'avoir l'impression de vous déplacer comme dans un rêve, comme si vous étiez ailleurs ? OUI ❑ NON ❑

3 – Avez-vous des étourdissements ? OUI ❑ NON ❑

4 – Avez-vous l'impression de poids sur la poitrine, les épaules, d'étouffement, de barre dans la nuque ? OUI ❑ NON ❑

5 – Possédez-vous des antiquités, en particulier des poignards, des bijoux, ou bien des masques africains et

autres objets venant des pays suivants : Afrique noire, pays arabes, Haïti, Caraïbes ?

	OUI	NON
	❑	❑

6 – Avez-vous dans votre entourage, ou avez-vous été en relation avec des gens de ces pays ?

	OUI	NON
	❑	❑

7 – Croyez-vous à l'envoûtement ?

	OUI	NON
	❑	❑

8 – Avez-vous des palpitations cardiaques, surtout en période de pleine lune ?

	OUI	NON
	❑	❑

9 – Eprouvez-vous des malaises physiques à certains moments de la journée ou de la soirée ?

OUI ❑ NON ❑

10 – Avez-vous, plutôt le soir que dans la journée, des douleurs dans la tête ?

OUI ❑ NON ❑

11 – Etes-vous facilement épuisé(e), sans raison apparente, dans la journée, ou êtes-vous fatigué(e) en vous levant le matin ?

OUI ❑ NON ❑

12 – Avez-vous des difficultés pour retrouver certains objets familiers ? OUI ❑ NON ❑

13 - Vous arrive t-il souvent de laisser traîner vos affaires ? OUI ❑ NON ❑

14 - Vos plantes périssent-elles systématiquement chez vous ? OUI ❑ NON ❑

15 – Etes-vous sujet(te) à des périodes de malchance répétées ? OUI ❑ NON ❑

16 – Avez-vous de réelles difficultés pour réaliser vos projets ?

(Cela dépend bien sûr de la nature des projets, mais peut être un symptôme de l'envoûtement). OUI ❑ NON ❑

17 – Avez-vous des angoisses sans raison ? (Non liées aux soucis quotidiens). OUI ❑ NON ❑

18 – Etes-vous agressif(ve) sans raison valable ? OUI ❑ NON ❑

19 – Avez-vous tendance à fixer des sources lumineuses ? OUI ❑ NON ❑

20 - Votre habitation est-elle située sur un cours

d'eau souterrain, un marais asséché, un ancien charnier, un ancien cimetière. Est-elle située à proximité (au sud et à l'ouest en particulier) d'un cimetière ?

	OUI	NON
	❑	❑

21 – Etes-vous sujet(e) aux cauchemars ?

	OUI	NON
	❑	❑

22 - Vous réveillez-vous la nuit avec une sensation de présence dans votre chambre ?

	OUI	NON
	❑	❑

23 – Avez-vous des pertes de poids sans raison ? (Dans un premier

temps, consultez un médecin, mais cela peut aussi être un symptôme d'envoûtement). OUI ❑ NON ❑

24 – Souffrez-vous d'inappétence sexuelle ? OUI ❑ NON ❑

25 – Souffrez-vous d'impuissance ? (Même après traitement médical). OUI ❑ NON ❑

26 – Souffrez-vous de frigidité ? (Même après traitement médical). OUI ❑ NON ❑

27 – Eprouvez-vous un dégoût irraisonné

pour votre partenaire habituel, ou lui même à votre égard ?

	OUI	NON
	❑	❑

28 – Avez-vous des sensations d'attouchement sur le corps ? (typique de certains envoûtements).

	OUI	NON
	❑	❑

29 – Etes-vous attiré(e) par quelqu'un qui vous est normalement indifférent ?

	OUI	NON
	❑	❑

30 – Avez-vous de soudaines bouffées de chaleur ? (Hors problèmes féminins habituels et normaux).

	OUI	NON
	❑	❑

31 – Avez-vous un sentiment de peur, lorsque vous êtes seul(e) ? OUI ❑ NON ❑

32 – Avez-vous des pulsions d'auto-destruction ? OUI ❑ NON ❑

33 - Vous surprenez-vous à faire des gestes inconsidérés ? OUI ❑ NON ❑

34 - Vous surprenez-vous à prononcer des mots que vous regrettez aussitôt, ou qui n'ont rien à voir avec la conversation en cours ? OUI ❑ NON ❑

35 – Avez-vous des pulsions sexuelles soudaines, surtout aux changements de lune ?

OUI ❑ NON ❑

36 – Avez-vous observé une baisse de votre volonté, de votre pouvoir de décision ?

OUI ❑ NON ❑

37 - Le vent vous énerve t-il ?

OUI ❑ NON ❑

38 – Avez-vous sans cesse l'impression d'être épié(e) ?

OUI ❑ NON ❑

39 - Y a-t-il, surtout chez vous, des odeurs

bizarres, des odeurs qui ne devraient pas se trouver là?

OUI ❑ NON ❑

40 - Y a-t-il des objets qui se déplacent chez vous ?

OUI ❑ NON ❑

41 - Vos relations s'éloignent-elles de vous ?

OUI ❑ NON ❑

42 – Avez-vous des pertes d'argent à répétition ? (non liées à une mauvaise gestion).

OUI ❑ NON ❑

43 – Avez-vous observé une baisse notable de votre clientèle ou avez-vous depuis

quelque temps, de mauvais rapports avec vos collègues de travail ?

OUI ❑ NON ❑

44 – Avez-vous le blanc de l'oeil jaune ?

OUI ❑ NON ❑

45 - Vos cheveux, vos dents, vos ongles sont-ils en mauvais état depuis quelque temps ?

OUI ❑ NON ❑

46 - Au moment des repas, ressentez-vous des malaises ?

OUI ❑ NON ❑

47 - Vous connaissez-vous des jalousies tenaces ?

OUI ❑ NON ❑

48 – Agissez-vous parfois contre votre gré, même si cela va à l'encontre de vos intérêts ?

	OUI	NON
	❑	❑

49 – Avez-vous des crises de colère subites qui disparaissent aussi rapidement qu'elles sont venues ?

	OUI	NON
	❑	❑

50 - Vous détachez-vous de votre famille sans raison justifiable ?

	OUI	NON
	❑	❑

51 – Avez-vous des contractures musculaires involontaires ?

	OUI	NON
	❑	❑

52 - Y a-t-il actuellement une couleur que vous avez en horreur ou qui vous indispose ?

OUI ❑ NON ❑

53 – Habitez-vous à proximité d'une ligne à haute tension ou d'une voie ferrée ?

OUI ❑ NON ❑

54 – Ressentez-vous un malaise indéfinissable en rentrant chez vous ?

OUI ❑ NON ❑

55 – Avez-vous profané un lieu sacré, quel qu'il soit ?

OUI ❑ NON ❑

56 – Avez-vous été rejeté(e) ou avez-vous rompu avec un groupement ? (Pas forcément occulte ou religieux).

OUI ❑ NON ❑

57 – Avez-vous pratiqué ou assisté à des rites de magie avec sacrifice animal ? (Vaudou, magie arabe ...).

OUI ❑ NON ❑

58 - Avez-vous dans vos relations proches, quelqu'un qui pratique la magie ? (Ce qui ne veut pas dire que cette personne vous veut du mal).

OUI ❑ NON ❑

59 – Suivez-vous un traitement médical, en psychiatrie ou en psychanalyse ?

	OUI	NON
	❑	❑

60 – Etes-vous " obligé(e) " de prendre des somnifères pour dormir ?

	OUI	NON
	❑	❑

61 - Dans la décoration de votre habitation, avez-vous des tableaux ou sculptures qui représentent des démons ou autres scènes tourmentées ?

	OUI	NON
	❑	❑

62 – Avez-vous parfois l'impression que vos gestes sont freinés

comme par un élastique ? OUI ❑ NON ❑

63 – Avez-vous souvent mal aux yeux ? (Sur le dessus). OUI ❑ NON ❑

64 - Si vous avez un animal, celui-ci éprouve-t-il parfois des réactions de méfiance envers vous ? OUI ❑ NON ❑

65 – Pratiquez-vous le magnétisme ? OUI ❑ NON ❑

66 - Vous sentez-vous découragé(e), impuissant(e) face à la vie ? OUI ❑ NON ❑

67 - Exceptées les causes naturelles, les meubles craquent-ils souvent chez vous ?

OUI ❑ NON ❑

68 - En dehors des causes naturelles (pannes, coupures), votre installation électrique vous joue-t-elle des tours ?

OUI ❑ NON ❑

69 – Avez-vous souvent une " boule " sur l'estomac ?

OUI ❑ NON ❑

70 – Avez-vous des douleurs aux seins, des règles très sales, douloureuses, actuel-

lement et en dehors, bien sûr, de tout caractère médical ? (Pour les femmes bien-sûr !)

	OUI	NON
	❑	❑

71 – Avez-vous souvent la diarrhée ?

	OUI	NON
	❑	❑

72 – Pratiquez-vous ou avez-vous pratiqué le spiritisme ?

	OUI	NON
	❑	❑

73 – Pensez-vous que tout ce que vous entreprenez est voué à l'échec ?

	OUI	NON
	❑	❑

74 – Avez-vous de fréquents troubles de mémoire ?

OUI ❑ NON ❑

75 – Avez-vous trouvé récemment quelque chose de bizarre chez vous ou sur votre lieu de travail ?

OUI ❑ NON ❑

76 - Vous êtes-vous récemment disputé(e) vivement avec quelqu'un ?

OUI ❑ NON ❑

77 - Vous connaissez-vous des ennemis ?

OUI ❑ NON ❑

78 – Pensez-vous avoir moins de chance que les autres ?

OUI ❑ NON ❑

79 - Vous arrive-t-il souvent d'avoir envie de vomir ?

OUI ❑ NON ❑

80 – Avez-vous acheté un talisman, pantacle ou autre du même genre dernièrement ?

OUI ❑ NON ❑

81 – Faites-vous souvent brûler de l'encens chez vous ?

OUI ❑ NON ❑

82 - Y a-t-il à proximité de chez vous (si vous vivez à la campagne) un arbre vraiment plus gros que tous les autres ?

OUI ❑ NON ❑

83 - Y a-t-il chez vous des meubles qui coupent les angles ?

OUI ❑ NON ❑

84 - En rentrant chez vous, la salle de bain ou les WC sont-ils en face de la porte d'entrée ?

OUI ❑ NON ❑

Il existe des dizaines de méthodes de détection de l'envoûtement. Certaines sont très valables, d'autres le sont moins. Le questionnaire que vous venez de remplir est excellent **si vous êtes sincère**, et ne permet en aucun cas de tricher.

Il a l'avantage de pouvoir être utilisé par toute personne de bonne foi, et ceci à tout moment. Il permet d'éviter aux professionnels, des recherches toujours longues et délicates. **Il leur donnera toujours une réponse claire, nette et précise de l'état actuel du principal intéressé**.

Vous allez maintenant noter **UNIQUEMENT**, les réponses **OUI**, en vous basant sur les valeurs numériques de la liste suivante.

QUESTION :	COMPTEZ :
1	3
2	2
3	1
4	2
5	2
6	1
7	1
8	2
9	2
10	1
11	2
12	1
13	1
14	2
15	2
16	2
17	2
18	1

19	2
20	2
21	2
22	3
23	2
24	1
25	3
26	3
27	3
28	3
29	3
30	1
31	2
32	2
33	2
34	2
35	2
36	2
37	1
38	3

39	3
40	3
41	2
42	2
43	2
44	3
45	3
46	2
47	1
48	2
49	1
50	1
51	2
52	3
53	2
54	3
55	3
56	3
57	3
58	2

59	1
60	1
61	1
62	3
62	2
64	3
65	2
66	1
67	3
68	3
69	3
70	3
71	2
72	2
73	1
74	1
75	3
76	1
77	1
78	1

79	2
80	2
81	2
82	3
83	1
84	1

Maintenant, faites le total des **OUI** pour chaque question et reportez-vous aux réponses.

VOUS SAUREZ IMMEDIATEMENT SI OUI OU NON VOUS ETES SOUS INFLUENCE.

RÉPONSES AU TEST

DE 0 A 30 POINTS: Vous n'avez rien à craindre, tout va bien et vous pouvez dormir " sur vos deux oreilles " !

DE 30 A 40 POINTS: Vont imagination vous joue des tours. Les quelques problèmes qui vous assaillent n'ont aucun rapport avec un éventuel envoûtement. Vous êtes par contre sur l'insidieuse voie de la déprime, vous devez réagir !

DE 40 A 60 POINTS: On ne peut pas dire qu'il y a envoûtement, mais votre aura, vos champs énergétiques sont sales, pollués par l'ambiance dans laquelle vous vivez et surtout par votre état intérieur. Vos énergies sont déséquilibrées et un bon "nettoyage" psychique est à envisager dans les trois mois qui suivent au maximum. Mais il est inutile d'attendre plus et il est préférable que vous le fassiez immédiatement. Cette décision est plus sage et vous éviterez ainsi des désagréments futurs !

DE 60 A 80 POINTS: Quelque chose a été fait sans l'ombre d'un doute. C'est un travail " bricolé ", mais qui peut, à la longue, empoisonner l'existence. Il vous faut agir !

DE 80 A 100 POINTS: Vous êtes la cible d'un travail bien fait. Agissez sans plus attendre !

DE 100 A 120 POINTS: Un envoûtement fort, réalisé dans les règles de l'art par un spécialiste de la question ou par un groupe qui connaît les évocations. Dépêchez-vous d'agir !

DE 120 A 130 POINTS: C'est certainement l'énergie du désespoir qui vous maintient encore. Il est plus que temps de réagir, vous êtes en réel danger !

DE 130 A 140 POINTS: Ne relève pas de l'envoûtement, mais de la possession. Ce qui revient à dire qu'aucune intervention humaine n'est à l'origine de vos maux, mais un parasitage de la part d'une force ténébreuse. Seule, la théurgie (magie divine) peut vous sortir de là. Une autre solution consiste à aller voir un prêtre exorciste (un vrai, appartenant à l'église et consacré par un évêque), il en existe dans chaque diocèse ! A défaut, n'importe quel curé peut faire l'affaire (en tant que ministre du culte). Après l'exorcisme, lorsque vous vous sentirez mieux, je vous conseille de vous relier à un égrégore puissant en intégrant un groupe magique (même si vous ne participez pas aux réunions, aux rituels, etc...). Le seul fait d'y être rattaché, vous protégera efficacement contre une nouvelle agression, car vous êtes désormais sensibilisé(e) à cet état.

AU DELA DE 140 POINTS: Vous avez répondu n'importe quoi pour la simple raison que, si vous en étiez à ce stade, vous ne serez pas en état de répondre à ce questionnaire !

RITUEL PRÉLIMINAIRE

Ce rituel est à exécuter à partir de 100 à 120 points lors du test, **mais rien ne vous empêche de le faire, même si vous recueillez moins de points**. En fait, je ne peux que vous conseiller de le mettre en oeuvre avant la mise en place du système de protection. A eux deux, ils forment un ensemble inséparable d'une grande harmonie et d'une réelle puissance. Dégagement, rejet, protection, plus encore un rejet et une protection automatique sont les mots clés qui se dégagent de ce merveilleux ensemble.

Les aiguilles (au nombre de 49) doivent être travaillées comme indiqué en fin de méthode, (voir ce chapitre). Il s'agit d'aiguilles à coudre d'environ 5 à 12 cm de longueur sans tête en plastique de couleur. On peut aussi utiliser des épingles de bureau métalliques.

Maintenant, vous allez prendre un peu de cire d'abeille (chez un apiculteur sur les marchés par exemple, ou en boutique ésotérique) que vous allez faire fondre au bain-marie (on ne fait jamais fondre de la cire directement sur le feu « sauf indication contraire » pour ne pas détruire ses propriétés conductrices). Découpez sur 1 cm de profondeur environ le fond d'un pot de yaourt en carton ou en plastique dans lequel vous verserez la cire liquide que vous laisserez ensuite refroidir complètement. Cette plaquette de cire sera l'objet du rituel indiqué en fin de méthode (voir cette page).

PRÉPARATION

– Un samedi (peu importe l'heure et le cycle lunaire).
– Coupez-vous une mèche de cheveux.
– Placez la plaquette **sur** votre mèche de cheveux.
– Prenez sept aiguilles préparées (tel que décrit plus loin) et plantez-les **(pointes en l'air)** sur une ligne horizontale sur la plaquette de cire.

Note 1 : Pour bien planter vos aiguilles, je vous conseille de placer près de vous une bougie allumée. Passez rapidement l'aiguille dans la flamme pour la chauffer et tout de suite vous la plantez dans la cire, pointe en l'air.

- Une fois que les sept aiguilles sont plantées dans la plaquette de cire sur une ligne horizontale, tendez **la main gauche** au-dessus de la rangée en prononçant la petite invocation du jour. (voir ci-après)
- Rangez l'ensemble dans un endroit discret.
- Le lendemain et les autres jours, vous ferez la même chose, si bien qu'au septième jour, vous aurez sept rangées de sept aiguilles placées selon le schéma suivant. Vous commencez en haut de gauche à droite en descendant d'une rangée chaque jour en récitant l'invocation du jour correspondant.

– Dans cette procédure, **vous ne devez pas manquer un seul jour sous peine de tout recommencer à zéro.**

Voici l'emplacement et la façon de disposer les aiguilles.

Jour 1 → ●●●●●●●●
Jour 2 → ●●●●●●●●
Jour 3 → ●●●●●●●●
Jour 4 → ●●●●●●●●
Jour 5 → ●●●●●●●●
Jour 6 → ●●●●●●●●

– Le dernier jour, en imposant la main au-dessus de la plaquette et après avoir prononcé l'invocation, placez votre mèche de cheveux et la plaquette **sur le système de protection des pages suivantes.**

NOTE 2 : Si vous désirez profiter de la position lunaire, je vous conseille de commencer **huit jours avant la nouvelle lune**.* Cette condition est importante, car le septième jour correspondra avec la lune noire d'Hécate, le choc en retour sera imminent pour l'envoûteur, lequel ne **manquera** pas de travailler en ce jour qu'il pense privilégié.

---

* La nouvelle lune est représentée par un rond noir sur le calendrier de la Poste.

LES INVOCATIONS DES JOURS

POUR LE SAMEDI :

« O toi, très saint qui résides dans le sein de l'immensité et que nous appelons Elohim, permets que le calice de mon coeur puisse déborder de ton amour divin.»

POUR LE DIMANCHE :

« O royaume de lumière, merveilleux et splendide, répands sur mon coeur tes rayons de vérité, afin que tout orgueil puisse être consumé et que subsiste seulement l'amour parfait.»

POUR LE LUNDI :

« O inconnu de nature parfaite, dont la fondation est dans le centre, maintiens fermement mes pieds dans le chemin que tu voudrais me voir suivre.»

POUR LE MARDI :

« O très saint, puissions nous être lavés par toi et purifiés.»

POUR LE MERCREDI :

« Etre resplendissant dont le nom est vérité et dont les actes sont justes, pénètre mon être de ton saint pouvoir.»

POUR LE JEUDI :

« O toi, grand et unique dont le nom est puissant et dont la nature est juste, fais que je puisse proclamer ta miséricorde.»

POUR LE VENDREDI:

« Grande source cachée de tout ce que l'homme peut éprouver et connaître, restaure en moi la lumière de la véritable connaissance.»

PRELIMINAIRES A LA MISE EN PLACE DE LA PROTECTION

Vous venez de terminer le cycle de sept jours, vous allez maintenant mettre en place la protection proprement dite. La première phase que vous venez d'exécuter est un rejet des forces négatives en même temps qu'une purification. La seconde phase qui suit est un barrage contre toute attaque par voie magique, elle vous met également à l'abri des retombées néfastes des pensées, jalousies, haines, venant de l'extérieur. Elle vous protège aussi, de part son symbolisme essentiellement actif, de vos propres faiblesses intérieures et **de tout** (en général) **ce qui est néfaste pour vous**.

COMME L'ENVOUTEMENT EST LIE A DES CAUSES KARMIQUES, (DES LEÇONS DONT VOUS DEVEZ VOUS ACQUITTER EN CET INSTANT), FAITES TOUT VOTRE POSSIBLE POUR NE PAS REFAIRE LES MEMES ERREURS QUE PAR LE PASSE (PLUS OU MOINS LOINTAIN).

Vous pouvez, à ce titre, faire un examen de conscience en vous posant les questions suivantes :

– **Est-ce que je vis selon les lois divines**?

– **Suis-je prêt(e) à m'améliorer**?

– **Mes actes sont-ils en accord avec ma conscience**?

– **Suis-je prêt(e) pour le service des autres**?

Cette liste n'est pas limitative, mais si vous répondez **OUI** à ces quatre questions, vous venez de faire le premier pas vers la liberté.

Il est bien évident qu'il y a des prédispositions astrologiques, mais un thème n'est que le reflet des causes karmiques qui ont engendré un tel processus. Bien souvent aussi, il suffit d'une faiblesse mentale passagère qui coïncide avec une position critique du ciel de naissance, pour que le mal s'installe.

Les positions suivantes ne peuvent indiquer que des tendances de façon générale.

ELLES NE SONT PAS UN FACTEUR DETERMINANT !

La position de la lune en maison XII, recevant un aspect dissonant de :

- **Soleil**: dissolution, perte de situation, de prestige.
- **Mars**: accidents, séparation ou conflits dans le couple, brûlures.

– **Mercure**: perte de l'estime de l'entourage, enfermement par perte de communication).
– **Jupiter**: pertes d'argent ou de biens, maladies liées à l'alimentation.
– **Vénus**: conflits familiaux et/ou conjugaux, perte du pouvoir de séduction.
– **Saturne**: nuisance, maladie, isolement.
- **Neptune**: imagination morbide, pousse à la dépression et aux maladies psychiatriques.
– **Uranus**: pousse aux tendances suicidaires.
– **Pluton**: mort violente ou maladies graves.
– **Lilith**: débauche sexuelle, nuisance.

D'autres indications sont toutefois nécessaires pour avoir une certitude. Ces positions très sommaires (n'étant pas l'objet de ce texte), n'indiquent que des points pouvant être, à un moment précis, fragilisés et donc, susceptibles de provoquer les désastres annoncés dans la vie de la victime, **ce que vous évitera de toute façon cette présente méthode**.

Ce dont vous aurez besoin :

– Un flacon d'encre de chine noire que vous bénirez de la façon suivante (il est inutile de procéder à un rituel de consécration, cette bénédiction suffit).

Bénédiction de l'encre :

– Index et majeur de la main droite tendus, les autres doigts repliés normalement dans la main (pouce au-dessus), tracez simplement une croix sur le flacon en disant :

« Adonaï léshouah, en ton Nom je bénis cette encre, amen.»

– En disant « amen », ramenez vos doigts au centre de la croix que vous venez de tracer au-dessus du flacon.

Vous pouvez dire n'importe quelle bénédiction qui répond à vos convictions, vous pouvez très bien dire «**Forces de Vie, daignez bénir cette encre et soyez remerciées** ».

PREPARATION, MISE EN PLACE

– Tout d'abord, tracez un cercle sur une feuille de carton blanc non quadrillé ou simplement une feuille de papier. Mais **ATTENTION**, ce cercle doit avoir une valeur bien précise, la vôtre !

CALCUL DU NOMBRE CORRECTEUR :

Il me semble qu'ici, un exemple sera mieux compris qu'un long discours.

Suivez scrupuleusement le cheminement suivant en l'appliquant à votre date de naissance. Prenez un stylo, une feuille de papier et faites les calculs.

Exemple pour une naissance le :
03 / 08 / 1945
que vous allez disposer verticalement de la façon suivante :

3 = 0 + 1 + 2 + 3 = 6
8 = 0 + 1 + 2 + 3 + 4 + 5 + 6 + 7 + 8 = 36
1 = 0 + 1 = 1
9 = 0 + 1 + 2 + 3 + 4 + 5 + 6 + 7 + 8 + 9 = 45
4 = 0 + 1 + 2 + 3 + 4 = 10
5 = 0 + 1 + 2 + 3 + 4 + 5 = 15

Les chiffres en gras correspondent à la date de naissance disposée verticalement. On additionne alors les chiffres qui vont jusqu'à ce nombre et on fait le total. Par exemple pour le 5, ce total est (15).

Maintenant, nous allons prendre **UNIQUEMENT** les nombres 6 - 36 - 2 - 45 - 10 - 15 et en faire le total qui est **114** dans notre exemple.

C'est ce nombre que nous recherchons. Dans l'exemple, le diamètre du cercle extérieur sera de **114 millimètres, soit 11,4 centimètres**. L'espace entre les deux cercles est invariablement de **2 centimètres**.

Si votre cercle est trop petit pour contenir le symbole, vous pouvez multiplier par 2. Il en est de même si votre nombre est trop grand, vous divisez alors par deux.

Voici la figure à reproduire sur un morceau de carton blanc. Je tiens à préciser que ce travail n'est pas du tout indispensable, **le symbolisme est suffisamment actif par lui même pour fonctionner même si vous découpez ou faites une photocopie de la page**. Le fait de la reproduire vous-même imprègne le dessin de votre intention, de votre magnétisme. Mais le fait que vous allez déposer votre mèche de cheveux sur ce graphisme et la plaquette de cire par dessus va littéralement **charger l'ensemble de vos énergies**.

La seule condition à respecter ici est l'orientation de l'ensemble. En effet, tous les noms et toutes les lettres ont une position spécifique à leurs pouvoirs.

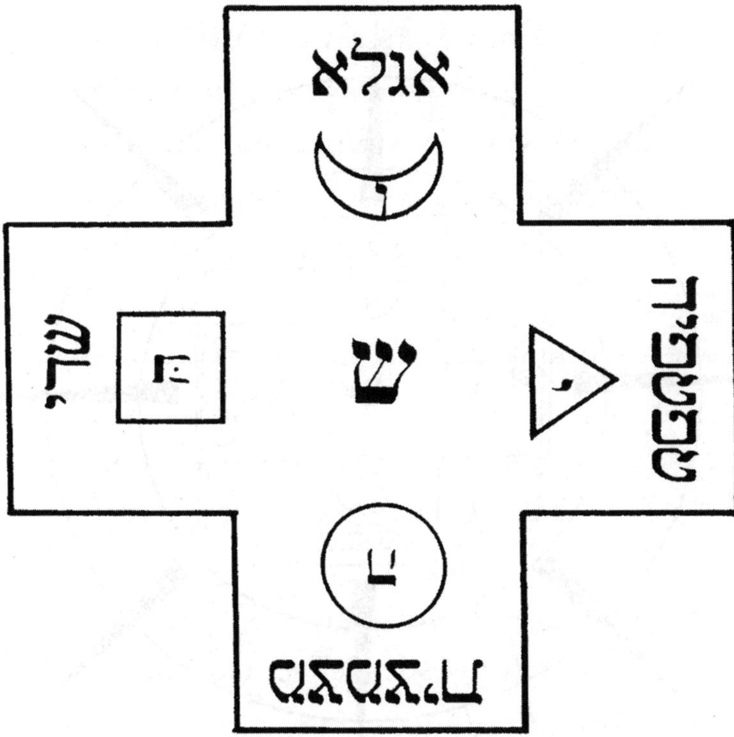
אגלא
ש

SCHEMA D'ENSEMBLE

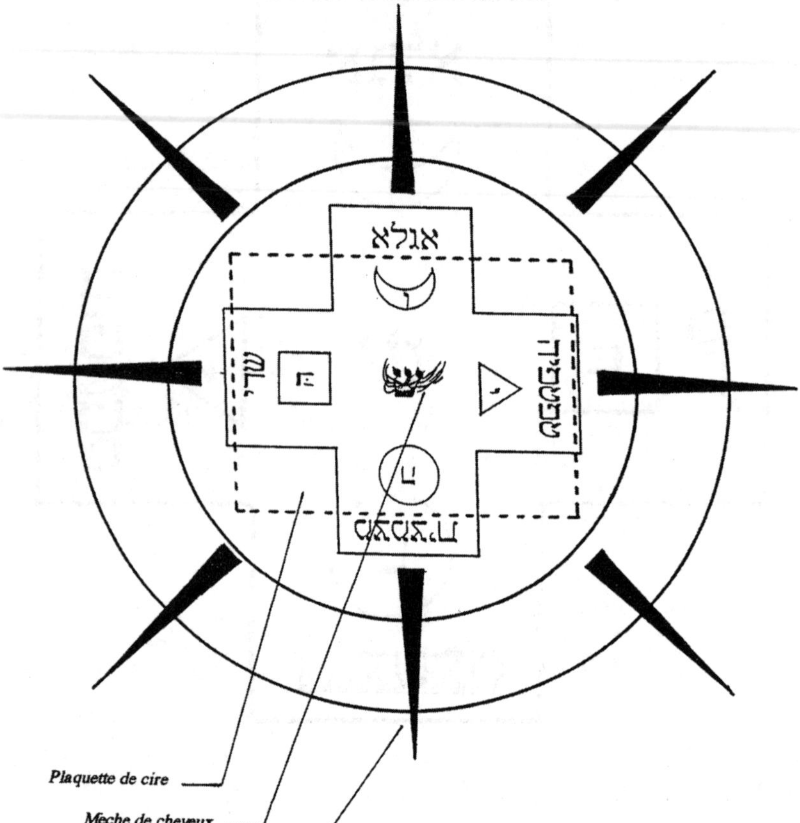

Détails de l'opération :

Suivez scrupuleusement l'ordre suivant pour la mise en place de votre protection.

1. Faites le test, si vous sentez que quelque chose ne va pas.
2. Pratiquez le rituel préliminaire.
3. Calculez votre nombre correcteur et tracez les cercles à l'encre de chine noire autour du graphique.
4. Placez au centre du graphique :
5. Votre mèche de cheveux, au centre de la croix.
6. Parsemez un peu de poudre (en quantités égales* myrrhe, benjoin,

---

* Autrefois, ce mélange était en des proportions précises, aujourd'hui les vibrations terrestres ont changé (elles ont augmenté) et bien des choses sont facilitées. Si vous ne pouvez pas réunir ces trois ingrédients, utilisez alors de la poudre de sauge ou de l'encens pontifical.

oliban) préalablement consacrée sur votre mèche de cheveux.

7. Placez la plaquette de cire avec ses aiguilles sur la poudre d'encens.
8. Disposez autour du cercle (dans les huit directions de l'espace) des clous quelconques, mais de même dimension chacun, la pointe sera dirigée vers l'extérieur.
9. Placez l'ensemble dans un endroit discret et à l'abri des regards. (Sur une armoire par exemple) et oubliez-le. Vous pouvez le recouvrir d'un linge (ou même d'une cloche en verre) pour le protéger de la poussière. **Il veille désormais sur vous 24 heures sur 24 et sept jours sur sept**.

Maintenant, et **à partir des vingt minutes qui vont suivre, la protection est**

enclenchée. Celle-ci va prendre une courbe ascendante qui va grimper jusqu'à la prochaine pleine lune pour ensuite se stabiliser à un niveau adapté à votre situation. Ce dernier est lié à deux facteurs essentiels qui sont d'une part votre foi et d'autre part, votre incarnation actuelle. Même si votre thème natal présente des prédispositions, des faiblesses aux attaques par voie occulte, **je peux vous affirmer que rien de ce qui est magie noire d'origine humaine ne pourra vous atteindre avec ce procédé, ceci est un fait certain, je l'ai vérifié bon nombre de fois**.

Et n'oubliez jamais ceci :

«**Tout ce qui a été fait par la magie, peut être défait par la magie!**»

NOTE : Comme je l'ai dit au début, vous pouvez placer sur les clous des feuilles de houx, des épines, ou autre à votre convenance si vous désirez provoquer une réaction physique sur l'envoûteur. Comme je l'ai également précisé, **NE PLACEZ PAS DE POISON OU QUOI QUE CE SOIT DU MEME GENRE, VOUS POURRIEZ LE PAYER TRES CHER, BEAUCOUP PLUS CHER QUE VOTRE VENGEANCE !**

Je vais maintenant vous donner quelques explications relatives au graphisme central. Vous saurez au moins ce que vous faites, et sous quelles énergies vous vous placez.

– La croix à branches égales représente le quaternaire équilibré, symbole des quatre éléments primordiaux constitutifs de la matière.

– Les lettres qui sont dans la branche située au nord sont celles du mot **AGLA**, acrostiche de la formule **ATHA GABOR LEOLAM ADONAÏ** qui signifie : **TA FORCE EST ETERNELLE SEIGNEUR**, ou encore **TU ES TOUJOURS FORT SEIGNEUR.** Son pouvoir est d'ouvrir l'esprit à Dieu.

– Le croissant lunaire qui est situé en dessous représente le symbole du tatwa (ou énergie) de l'élément eau.

– La lettre hébraïque qui est à l'intérieur de ce croissant est la lettre **VAV** qui compose le tétragramme sacré.

– Les lettres qui sont dans la branche située à l'est sont celles du nom **TAFTAFIAH**, qui est le troisième nom du grand archange **METATRON.** Son pouvoir est de libérer, de débloquer ce qui est enfermé ou bloqué.

– Le triangle qui est situé en dessous représente le symbole du tatwa de l'élément feu.

– La lettre hébraïque qui est à l'intérieur de ce triangle est la lettre **YOD** qui compose le tétragramme sacré.

– Les lettres qui sont dans la branche située au sud sont celles du nom **METSMATSITH**. Son pouvoir permet d'échapper à l'ennemi.

– Le cercle qui est situé en dessous, représente le symbole du tatwa de l'élément air.

– La lettre hébraïque qui est à l'intérieur de ce cercle est la lettre **HE** qui compose le tétragramme sacré.

– Les lettres qui sont dans la branche située à l'ouest sont celles du nom divin **SHADAÏ**. Son pouvoir s'étend sur tous les démons et tout ce qui vit dans l'univers.

– Le carré qui est situé en dessous représente le symbole du tatwa de l'élément terre.

– La lettre hébraïque qui est à l'intérieur de ce carré est la lettre **HE** qui compose le tétragramme sacré.

– La lettre qui est au centre de la croix est la lettre **SHIN** qui représente l'esprit. Celui-ci "vibre" (bien que le terme ne soit pas tout à fait exact) entre la hauteur et la profondeur, c'est-à-dire le centre.

CONSÉCRATION RAPIDE DES AIGUILLES

Les aiguilles que l'on utilise ici ne sont pas des épingles à tête (de couleur) mais des aiguilles à coudre ou des épingles sans tête. (ou des épingles de bureau à toute petite tête métallique)

La consécration qui suit est à la portée de tout le monde. Allumez une bougie de cire vierge (ou une bougie blanche, à défaut, fera l'affaire).

Posez les aiguilles devant vous, sur une table. (Lorsque vous voyez + + +, signez-vous).

En posture d'orant (mains en avant, paumes tournées vers le ciel, coudes plaqués au corps), dites :

«Ma puissance est dans le nom du
Seigneur qui créa les cieux et la terre.
Seigneur, exauce ma prière et que mon
cri monte jusqu'à Toi.
Que le Seigneur soit avec nous et avec
notre esprit. Amen + + +»

Baissez les bras, imposez la main droite sur les aiguilles et poursuivez :

«Je vous exorcise, épingles issues de l'industrie des hommes, au nom du Père Tout Puissant, je vous exorcise au nom du Fils, je vous exorcise au nom du Saint Esprit, afin que soit éloignée de vous toute puissance démoniaque, tout prestige de l'ennemi, toute souillure spirituelle ou matérielle.

Et vous, puissances ennemies, qui rendez ces créatures impropres aux oeuvres saintes, je vous chasse et vous ordonne au nom de Notre Seigneur Jésus-Christ de vous éloigner immédiatement et de vous réfugier à l'instant dans les gouffres sombres et dans les abîmes que vous n'auriez jamais dû quitter.»

Dites maintenant, toujours dans la même position :

«Je vous consacre, créatures de métal, afin que vous soyez propres à être utilisées dans le culte rendu au Seigneur et à ses saints Anges, je vous consacre par la puissance des noms du Seigneur, par ses saints Anges, par les sept qui commandent aux sphères du monde créé, par les quatre Eléments, afin que vous soyez toute pureté et toute sainteté.

Ainsi soit-il. + + +»

CONSÉCRATION COMPLÈTE DES AIGUILLES

Les aiguilles que l'on utilise ici ne sont pas des épingles à tête (de couleur) mais des aiguilles à coudre ou des épingles sans tête (ou épingles de bureau métalliques à toute petite tête).

Ce rituel est à faire dans un espace consacré (oratoire) et ne doit être pratiqué que dans ce cas. Si vous n'avez pas d'oratoire, utilisez le premier rituel.

Disposez l'autel avec ses deux cierges (ou bougies), une nappe blanche et le brûle-parfum. Allumez le cierge avec une bougie déjà consacrée en disant :

« Par le Dieu Vivant, par le Dieu Vrai,
par le Dieu Saint !
Que cette sainte lumière se répande en ce
lieu et le sanctifie, qu'elle en chasse à
l'instant toute puissance démoniaque,
tout prestige de l'ennemi. Amen.»

Allumez le feu du second cierge et dites :

« Que cette sainte lumière illumine nos esprits et nos coeurs et qu'avec elle nos prières s'élèvent vers l'Eternel.»

Versez sur les braises du brûle-parfum une pincée d'oliban et dites :

« Seigneur, que ce parfum s'élève vers toi comme s'élevait la fumée des encens qui se consumaient sur l'autel des parfums du temple de Jérusalem.
Amen + + + »

Prenez les épingles dans votre main droite et dites :

« Ma puissance est dans le nom du Seigneur qui créa les cieux et la terre.
Seigneur, exauce ma prière
et que mon cri monte jusqu'à Toi.

Que le Seigneur soit avec nous et avec notre esprit. Amen + + + »

« Je vous exorcise, épingles issues de l'industrie des hommes, au nom du Père Tout Puissant, je vous exorcise au nom du Fils, je vous exorcise au nom du Saint Esprit, afin que soit éloignée de vous, toute puissance démoniaque, tout prestige de l'ennemi, toute souillure spirituelle ou matérielle.
Et vous, puissances ennemies, qui rendez ces créatures impropres aux oeuvres saintes, je vous chasse et vous ordonne au nom de Notre Seigneur Jésus Christ de vous éloigner immédiatement et de vous réfugier à l'instant dans les gouffres sombres et dans les abîmes que vous n'auriez jamais dû quitter.»

Posez les épingles à votre gauche sur l'autel ou sur le pantacle représenté par un double carré. Avec le pouce droit, tracez une croix au-dessus des épingles et dites :

« Fuyez donc démons impurs, je vous en
conjure et en abjure au nom d'Adonaï.
Car voici que je purifie ces créatures de
métal avec le sel, afin que vous
en soyez chassé définitivement.»

De la main droite, prenez une pincée de sel consacré et répandez-la en croix sur le paquet d'épingles.

Dites alors :

« Soyez donc purifiées, créatures de
métal, au nom de tous les anges qui ne
cessent de chanter, en tremblant, la gloire

du Très Haut : « Saint, Saint, Saint est le Seigneur des Armées des Cieux et de la Terre. Hosanna au plus haut des Cieux.» Je vous exorcise donc, créatures de métal, par la puissance des Saints animaux qui supportent le trône de l'Etemel et qui ont des yeux en avant et en arrière embrassant d'un seul regard le passé et l'avenir. Je vous exorcise, par la puissance des roues flamboyantes qui tournoient et resplendissent. Je vous exorcise par la puissance des sept qui commandent aux sept sphères de l'Univers créé.»

Imposez la main droite au-dessus des épingles, la gauche posée sur le cœur et dites :

« Ma puissance est dans le nom du Seigneur qui créa les Cieux et la Terre.

Seigneur, exauce ma prière
et que mon cri monte jusqu'à Toi.
Que le Seigneur soit avec nous et avec
notre esprit. Amen + + + »

Je vous consacre, créatures de métal, afin que vous soyez propres à être utilisées dans le culte rendu au Seigneur et à ses saints Anges, je vous consacre par la puissance des noms du Seigneur, par ses saints Anges, par les sept qui commandent aux sphères du monde créé, par les quatre Eléments, afin que vous soyez toute pureté et toute sainteté.
Ainsi soit-il.»

EXORCISME DE LA CIRE

Etendez la main droite vers la plaquette de cire en faisant les cornes (tendez l'index et le petit doigt et repliez les autres doigts normalement dans la main, le pouce par-dessus) et récitez trois fois :

« Je t'exorcise, créature de cire, par la force et le rayonnement de Christ notre Seigneur. Que la puissance céleste de l'Archange Michael, prince des milices du ciel, te purifie pour que tu ne retiennes plus rien en toi qui appartienne à ton passé, car voici que je vais créer des cieux nouveaux, dit le prophète, et une terre nouvelle, on ne se souviendra plus du passé, il ne reviendra plus à l'esprit. Sois donc purifiée et libérée de toute influence étrangère, afin que tu puisses rayonner avec pureté les forces psychiques et spirituelles dont tu es vecteur. Par la puissance de l'Archange Michael. Amen.»

CONSÉCRATION DE LA CIRE

Cette présente formule de consécration est parfaitement adaptée à cette pratique car plus orientée vers le sens de la charge de la cire dans un but particulier ou une destination.

Passez la plaque de cire dans les fumées d'encens tout en restant concentré sur l'objectif visé et en récitant cette formule.

« Dieu très Miséricordieux, très Grand et
très Puissant, j'adore votre
Majesté Suprême.
Faites la grâce à votre serviteur
(ou servante) de recevoir la vertu
des psaumes.
Je vous conjure par vos très saints noms
Agla. Aglaï. Adonaï, Agios, Othéos.
Alpha et Oméga de m'accorder l'entier
accomplissement de ma demande
de protection.
Ô Dieu Fort et abondant en toutes grâces,
que votre Saint Nom soit loué et glorifié
dans l'éternité. Ainsi soit-il ! »

Toute pratique, aussi bonne soit-elle, possède ses propres limites (comme un être humain, même hyper-entraîné) et la méthode de protection instantanée n'échappe pas à cette règle immuable, bien que son spectre d'action soit important dans le cadre qui lui est réservé, c'est-à-dire dans tous les cas de nuisance humaine par voie occulte.

Jamais, elle ne vous protégera du radar si vous roulez à vive allure, de même si vous cherchez la bagarre, elle ne vous protégera pas des coups « si justement mérités ».

La magie est un sujet si vaste et si délicat, qui comprend tout un arsenal de spécialités et de « sous-spécialités » qu'il donne le vertige au néophyte. L'envoûtement (dont il est question ici mais dont le sujet n'est pas développé et pour cause, c'est de protection dont nous traitons, pas des pratiques de l'envoûtement) n'est qu'une infime partie (malgré près de deux cents formes différentes de techniques, et pas forcément de nuisance. A l'origine, que pensez-vous qu'était l'acupuncture, sinon un procédé d'envoûtement de guérison par un travail sur les énergies. Qu'est-ce qu'un travail sur l'œuf « ou autre », sinon un procédé de transfert.

Nous n'avons en effet parlé ici que de protection, mais qui dans ce cas précis appartient à la grande famille des techniques secrètes des magies de transfert, qui comptent parmi mes systèmes magiques préférés à ce niveau. Il en existe des dizaines, mais trois ou quatre sont amplement suffisants, car ils sont d'une redoutable efficacité, celui-ci en est un.

Allez en paix, poursuivez votre Voie, et allez le plus loin possible, et toujours dans la Lumière.

Roger Gascon

ADDITIF

Pour compléter cette fabuleuse méthode, voici un moyen sûr que je vous offre pour protéger votre habitation. Suivez bien les conseils qui suivent.

SYSTEME DE PROTECTION DE VOTRE HABITATION

– Procurez-vous une bouteille de champagne (vide).

– Coupez une tige de fer qui dépasse de la bouteille de 5 cm.

– Sur cette tige de fer, enroulez un fil de cuivre dénudé qui tourne dans le sens **DES AIGUILLES D'UNE MONTRE** et qui dépassera la tige de fer de 5 cm. Ceci formera l'antenne.

– Remplissez la bouteille à moitié avec de la fleur de soufre (dans certaines pharmacies ou dans les magasins de fournitures de produits chimiques).

L'autre moitié sera remplie avec de l'huile d'olive.

– Plongez la tige de fer (avec le solénoïde de cuivre autour). La tige doit être en contact avec le fond de la bouteille.

– Fermez l'ouverture (avec de la cire à cacheter par exemple. En vente dans les papeteries), et laissez "reposer" 24 heures.

– Tracez sur un morceau de papier blanc non quadrillé, le plan exact de votre habitation. Celui-ci doit être le plus petit possible de façon à ce qu'il ne dépasse pas le diamètre de la bouteille (bien que ce soit secondaire).

– Ceci fait, placez votre petit plan sous la bouteille. Celui-ci doit être orienté au nord selon la disposition réelle de votre habitation.

– Comme vous n'y toucherez plus, (à moins que vous ne déménagiez), placez l'ensemble dans un endroit discret et à l'abri pour ne pas le déplacer malencontreusement.

Votre habitation est à présent protégée de toute charge, onde nocive venant du sous-sol ou d'ailleurs, de toute attaque occulte, par une sorte de "cloche" invisible, mais extrêmement active, malgré l'aspect « passif » du système.

TABLE

CHEZ LE MÊME ÉDITEUR

- *Le Grand Livre de la Wicca* – Dorothy Morrison
- *Faites Jaillir le Divin dans votre Vie* – Chrys Monroe
- *Entrez dans la Lumière* – Chrys Monroe
- *Les Secrets de la Richesse et du Bonheur* – Chrys Monroe
- *Les Fantastiques Pouvoirs du Décagone* – Roger Gascon
- *Cristal d'Influences* – Roger Gascon
- *Le Nouveau Livres des Esprits* – Karine Chateigner
- *Le Traité des Influences Cosmo-magnétiques* – Dr Francis Frandeau de Marly
- *Nouvelles Techniques Radioniques de Pouvoir* – Dr Francis Frandeau de Marly
- *Le Guide Pratique des Dessins Agissants* – Léon Lecharpentier
- *Les Rituels Secrets du Tarot de Marseille* – Guy Letellier-Maréchal
- *L'Autodéfense Psychique* – Melita Dennings & Osborne Phillips
- *L'Art de Magnétiser* – Charles Lafontaine
- *La Véritable Magie de Salomon* – Emile Sentier & G.R.E.H.S.
- *Comment Rencontrer ses Guides Spirituels* – Ted Andrews

- *Le Chemin du Père* – Magalion
- *Guérisseur Source de Vie* – Magalion
- *Au Royaume de la Vie* – Magalion
- *Comment Réussir sa Vie avec les Dessins Psycho-énergétics* – Jean-Luc Belleney
- *Les 9 Cartes Sacrées du Bonheur et de la Prospérité* – Jean-Luc Belleney
- *La Véritable Science des Mages* – Donald Michael Kraig
- *Extraordinaires Contacts avec l'Au-Delà* - Gary Schwartz
- *Vivre Entre Deux Mondes* – Tony Stockwell

Achevé d'imprimer en avril 2007
sur les presses de la Nouvelle Imprimerie Laballery
58500 Clamecy
Dépôt légal : avril 2007
Numéro d'impression : 704043

Imprimé en France